水果背后的秘密系列

U0385002

橘子，你从哪里来

温会会 / 编　北视国 / 绘

浙江人民美术出版社

你认识这些长得有点相似的水果吗？不看答案的话，你可以叫出它们的名字吗？如果不能，你可以将它们统称为"柑橘"。橘子就是柑橘类水果中的一个品种。

3

　　橘子的果肉被透明的薄皮分隔成很多瓣，每一瓣里面都有小橘核，也就是橘子的种子。如果你正巧在吃橘子，那么可以数数看，一个橘子里有多少颗种子呢？

　　经过多年人工培育，现在也有很多无核橘子。

中国是橘子的原产地之一。早在两千多年前，爱国诗人屈原就曾写下《九章·橘颂》的诗篇，歌颂橘树的美好，并借此表达自己追求高洁品质的决心。

　　"江南有丹橘，经冬犹绿林。"橘树通常在春季种植，有些地区在秋季也能种植。橘树四季常青，除了作为果树栽培，也是很好的观赏植物。

橘树既不耐寒，也不耐高温，只能在一定温度范围内生长，喜欢被充足的阳光照耀。南方的气候条件比北方更适合橘树生长。

"好吃的橘子快快长出来！"哈哈！小橘树
要结出果实还得好几年时间呢！
"不要催促它，让它自己慢慢长大好吗？"

橘叶看起来油光发亮，
像打过蜡一样。将它拿在手
里揉搓，会闻到一股香气。

橘树开花了！淡雅的白色花瓣包围着一圈金黄色的蕊，满园飘香，引来好多小蜜蜂——嗡嗡嗡嗡！谢谢你们为橘花授粉，辛苦啦！

小橘子很快就长出来了，可它的味道简直能让人酸掉牙！要再过几个月后，它们长大成熟，才会变得酸甜可口。

秋天悄然而至，成熟的橘子像一个个金黄色的小太阳挂在绿叶间。剥开橘皮，一股特有的香气扑鼻而来，每一片橘瓣都像一个小月亮，里面包裹着最新鲜的好味道！

橘子浑身都是宝，它的果肉富含水分和维生素C，橘瓣表面的白色橘络是一味能化痰的中药，味道微苦，但对身体有好处，吃橘子时尽量不要剥掉它们喔！

吃剩的橘皮晾干保存一年以上时间，就成了另一味中药——陈皮，能理气健胃，燥湿化痰。

感冒生病时，怎么少得了甜甜的橘子罐头呢？吃一口，好舒服！

小伙伴们在一起玩耍时，也喜欢分享橘子制成的美食——橘子糖、橘子汁、橘子果冻、橘子蜜饯……你最喜欢哪一个？

过新年喽！吃过丰盛的大餐后，再吃个橘子吧！一家人围坐在一起，团团圆圆，生活就像橘子一样，灿烂美好，充满活力！

图书在版编目（CIP）数据

橘子，你从哪里来 / 温会会编；北视国绘 . -- 杭
州：浙江人民美术出版社，2022.2
（水果背后的秘密系列）
ISBN 978-7-5340-9356-2

Ⅰ．①橘⋯ Ⅱ．①温⋯ ②北⋯ Ⅲ．①橘—儿童读物
Ⅳ．① S666.2-49

中国版本图书馆 CIP 数据核字（2022）第 018449 号

责任编辑：郭玉清
责任校对：黄　静
责任印制：陈柏荣
项目策划：北视国

水果背后的秘密系列

橘子，你从哪里来　　　　　　　　　　　温会会　编　北视国　绘

出版发行：浙江人民美术出版社
地　　址：杭州市体育场路 347 号
经　　销：全国各地新华书店
制　　版：北京北视国文化传媒有限公司
印　　刷：山东博思印务有限公司
开　　本：889mm×1194mm　1/16
印　　张：2
字　　数：20 千字
版　　次：2022 年 2 月第 1 版
印　　次：2022 年 2 月第 1 次印刷
书　　号：ISBN 978-7-5340-9356-2
定　　价：39.80 元

★如发现印装质量问题，影响阅读，请与承印厂联系调换。